Drosophila melanogaster, das Kurzzeitgedächtnis und der Wildtyp Canton-Special. Eine Analyse mit Hochgeschwindigkeitskamera

Falk Deegener

Bibliografische Information der Deutschen Nationalbibliothek:

Die Deutsche Nationalbibliothek verzeichnet diese Publikation in der Deutschen Nationalbibliografie; detaillierte bibliografische Daten sind im Internet über http://dnb.d-nb.de abrufbar.

ISBN: 9783346498601
Dieses Buch ist auch als E-Book erhältlich.

Nymphenburger Straße 86
80636 München

Druck und Bindung: Books on Demand GmbH, Norderstedt Germany
Gedruckt auf säurefreiem Papier aus verantwortungsvollen Quellen

Das Buch bei GRIN: https://www.grin.com/document/1131618

Dienstag, 31. März 2020

Modul 14A:

Motorisches Lernen in Mensch und Modellorganismen

Versuch 14 *Drosophila melanogaster* – Analyse des Kurzzeitgedächtnisses mit Hilfe von Hochgeschwindigkeitskameras beim Wildtyp *Canton-Special*

Falk Deegener

Fachbereich Biologie

Johannes-Gutenberg-Universität

Inhaltsverzeichnis:

Abkürzungsverzeichnis

KZG	Kurzzeitgedächtnis
CaM	Calciumcalmodulin
AC	Adenylylcyclase II
DA-R	Dopaminerge G-Protein-gekoppelte Rezeptoren
cAMP	Cyclisches Adenosinmonophosphat
PKA	Proteinkinase A
PDE	Phosphodiesterase
CREB	cAMP Response Element Binding Protein
ZMG	Zentrale Mustergeneratoren
WT-CS	Wildtyp *Canton-Special*

1 Einleitung

1.1 Fragestellung

Der durchgeführte Versuch beschäftigt sich mit der Frage, ob die Taufliege *Drosophila melanogaster* durch Übung und Konsolidierung in der Lage ist ihre Kletterleistung beim Überqueren einer Lücke zu verbessern. Dabei liegt der Fokus auf dem Kurzzeitgedächtnis (KZG) und damit der Fähigkeit, gelernte Verhaltensweisen nach kurzer Zeit zu wiederholen. Die Versuchsreihe beschäftigt sich außerdem mit der Frage, ob sich die Mutanten *Drosophila melanogaster* Stämme *rutabaga* und *optomotoric-blind* in ihrem Lernverhalten vom verwendeten Wildtypen *Canton-Special* (WT-CS) und untereinander unterscheiden. Dies ist allerdings nicht Teil dieses Protokolls.

1.2 Gedächtnisbildung in *Drosophila melanogaster*

Es ist davon auszugehen, dass *Drosophila melanogaster* fünf Gedächtnisstufen hat. Zu Beginn steht das Erlernen von Information. Die Nächste Stufe ist das zu untersuchende KZG. Darauf folgen Mittelzeitgedächtnis, anästhesieresistentes Gedächtnis und Langzeitgedächtnis (Dubnau und Tully 1998).

Drosophila melanogaster ist in der Lage gelerntes etwa eine Stunde im KZG zu behalten (Dubnau und Tully 1998). Der zugrundeliegende Mechanismus für das olfaktorische KZG ist bereits gut beschrieben und auch auf das motorische Lernen anwendbar. Es handelt sich hierbei um den cAMP-Signalweg. Dabei empfängt ein Kenyonzellneuron olfaktorische Eingänge im Calyx des Pilzkörpers. Der dadurch ausgelöste Calciumioneneinstrom aktiviert Calciumcalmodulin (CaM). Dieses bindet anschließend an die durch CaM und G-alpha doppelt regulierte Adenylylcyclase II (AC). Gleichzeitig erhält das Neuron den Eingang eines Modulatorneurons. Dieses schüttet den Neurotransmitter Dopamin aus. Je länger die Dopaminausschüttung anhält, desto länger hält die Signalkaskade an, was die Gedächtniskonsolidierung beeinflussen könnte. Dopaminerge G-Protein-gekoppelte Rezeptoren (DA-R) werden dadurch aktiviert und geben G-alpha frei, welches anschließend auch an die AC bindet. Die dadurch aktivierte AC stellt cyclisches Adenosinmonophosphat (cAMP) her, einen sekundären Botenstoff. cAMP aktiviert im Anschluss die Proteinkinase A (PKA), die dadurch in ihre regulatorischen und katalytischen Untereinheiten zerfällt. Die PKA phosphoryliert dann Kaliumhintergrundkanäle. Diese bleiben dadurch häufiger geschlossen und eine Depolarisation der Präsynapse ist bereits bei geringeren Reizstärken wahrscheinlicher, was eine Stärkung der Synapse für kurze Zeit bedeutet. Dieser Vorgang ist dem Kurzzeitgedächtnis zuzuordnen. Sollte dieser Mechanismus innerhalb von kürzeren Zeiträumen häufiger zu tragen kommen, wird so viel PKA aktiviert, dass diese das Response Element Binding Protein (CREB) aktiviert und dadurch Gene für Synapsenbestandteile exprimiert werden, welche die Synapse dauerhaft stärken (siehe Abbildung 1). Dieser Mechanismus ist dem Langzeitgedächtnis zuzuordnen (Davis 2005; Waddell und Quinn 2001).

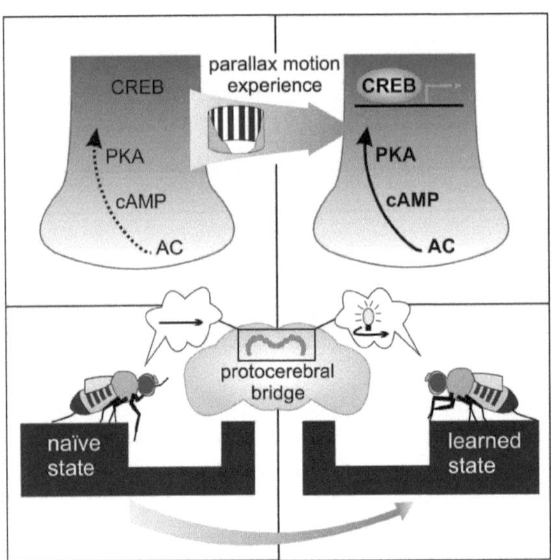

Abbildung 1: cAMP-Signalweg löst bei ausreichend häufiger Stimulation dauerhafte Veränderung der Synapse durch CREB aus (aus Krause *et al.*, 2019)

1.3 Zentrale Mustergeneratoren in Invertebraten

Zentrale Mustergeneratoren (ZMG) sind Neuronenverbände, die rhythmische Bewegungen bei Invertebraten hervorrufen. Diese sich wiederholenden Bewegungsabläufe werden beispielsweise zum Schwimmen oder Laufen benötigt. ZMG's kommen ohne sensorische Eingänge aus und laufen autonom ab. Die Steuerung erfolgt über das zentrale Nervensystem (Marder und Bucher 2001). Auch das Kletterverhalten von *Drosophila melanogaster* wird durch ZMG's angetrieben (Kienitz 2010).

2 Material und Methoden

2.1 Aufzucht und Präparation der Fliegen

Die verwendeten Fliegen wurden bei 25°C in einer Klimakammer aufgezogen. Die Luftfeuchtigkeit betrug etwa 60% bei einem Tag-/Nacht-Rhythmus von 14 zu 16 Stunden. Den ausschließlich männlichen Fliegen, deren Standardnährmedium aus Wasser, Mais, Soja, Malzextrakt, Zuckerrübensirup, Agar-Agar, Bierhefe und Nipagin bestand, wurden am Vortag des Experiments die Flügel auf ein Drittel der Ursprungslänge gekürzt. Dadurch konnte ein Wegfliegen aus der Versuchsarena verhindert werden.

2.2 Fliegenstamm *Canton-Special*

Der Laborwildtyp *Canton-Special* ist ein *Drosophila melanogaster* Stamm aus der namensgebenden Stadt Canton im Bundesstaat Ohio in den USA. Er weist einen normalen Chromosomensatz und ein typisches Verhalten auf (Lindsley und Grell, 1968).

2.3 Versuchsstruktur

Die Versuchsdurchführung teilte sich bei jeder Fliege in vier Abschnitte auf. Zu Beginn eine erste Testphase, dann eine effektiv 60-sekündige Übungsphase, im Anschluss daran eine 20 bis 40-minütige Ruhe- bzw. Konsolidierungsphase und zum Schluss eine weitere Testphase. Fliegen, die die erste Testphase durchliefen wurden als naiv bezeichnet, nach der Konsolidierungsphase als trainiert. Die Kletterversuche der beiden Testphasen wurden mit einer Hochgeschwindigkeitskamera zur späteren Auswertung aufgezeichnet. Die Daten der ersten und zweiten Testphase wurden miteinander verglichen, um eventuelle Unterschiede erkennen zu können.

2.4 Versuchsaufbau

2.4.1 Testarena

Die Testarena befand sich innerhalb eines Pappzylinders, um ein Entkommen der Fliegen zu vermeiden (s. Abb. 2). In der Mitte der Arena stand eine umgedrehte, mit der Außenfläche nach oben zeigende Petrischale in einer größeren, mit Wasser gefüllten Petrischale. Das Wasser diente ebenfalls dem Zweck, die Fliegen am Entkommen zu hindern. Auf der oberen Petrischale stand mittig ein Lückenstein mit einer festen Lückenbreite von 3,0mm (s. Abb. 3). Der Aufbau wurde von einer Gene I Cam Model RM-6740GE Hochgeschwindigkeitskamera mit 133,33 Bildern pro Sekunde durch eine Öffnung im umgebenden Pappzylinder gefilmt (s. Abb. 4). Die Beleuchtung erfolgte von Oben mit einem Ringlicht. Die Fliegen sollten die Lücke in der Mitte der Arena überqueren und wurden dabei von der Hochgeschwindigkeitskamera gefilmt, deren Aufnahmen anschließend ausgewertet wurden. Diese Auswertung diente der Bestimmung der Kletterqualität von naiven und trainierten Fliegen. Es wurden in jeder Testphase jeweils 10 erfolgreiche Kletterversuche pro Fliege durchgeführt.

2.4.2 Übungsarena

Die Übungsarena befand sich abermals innerhalb eines Pappzylinders. Dieser hatte auf der in die Arena zeigenden Seite vertikale, schwarz-weiße Streifen (s. Abb. 5). Der Zylinder konnte mittels eines Elektromotors im Kreis um die Arena rotiert werden, um für die darin befindliche Fliege eine Kreisbewegung der Umgebung zu simulieren. Der Versuch wurde nur mit einer Drehung nach Links durchgeführt. Im Inneren der Arena befand sich ebenfalls eine von Wasser umgebene Plattform aus Petrischalen, identisch zu der in der Testarena. Auf der Plattform befand sich ein Plastikring mit symmetrisch verteilten Lücken, mit einer Lückenbreite von ebenfalls 3mm (s. Abb. 6). Die Beleuchtung erfolgte abermals von oben mit einem Ringlicht. Durch die Rotation des äußeren Pappzylinders und dessen optischen Streifen, sollten die Fliegen dazu angeregt werden der vermeintlichen Bewegung entgegen zu wirken und die Lücken auf dem Ring nacheinander zu überqueren. Die Fliegen sollten jeweils 60 Sekunden effektiv trainieren.

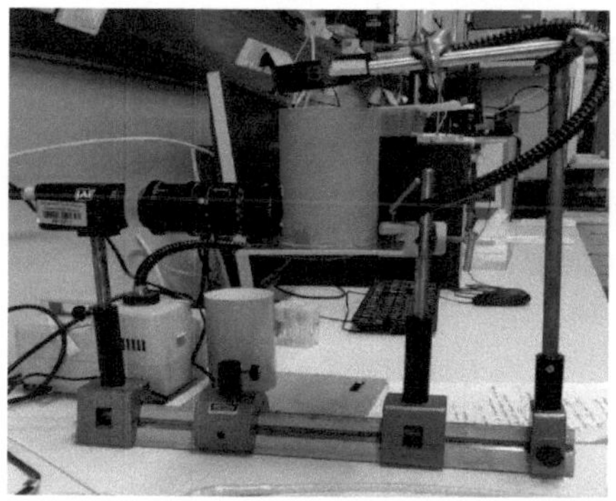

Abbildung 2: Seitenansicht des Versuchsaufbaus der Testarena mit Hochgeschwindigkeitskamera (links), Pappzylinder (zentral) und Ringlicht (oben)

Abbildung 3: Testarena von Oben mit Lückenstein und umgebendem Wassergraben

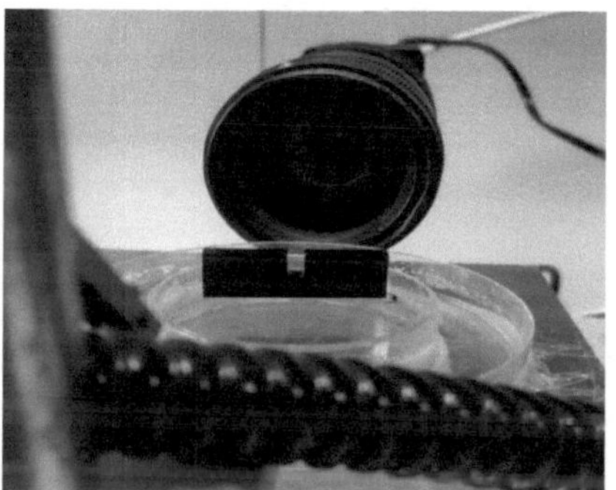

Abbildung 4: Frontansicht der Testarena mit Lückenstein und Wassergraben. Im Hintergrund die Hochgeschwindigkeitskamera

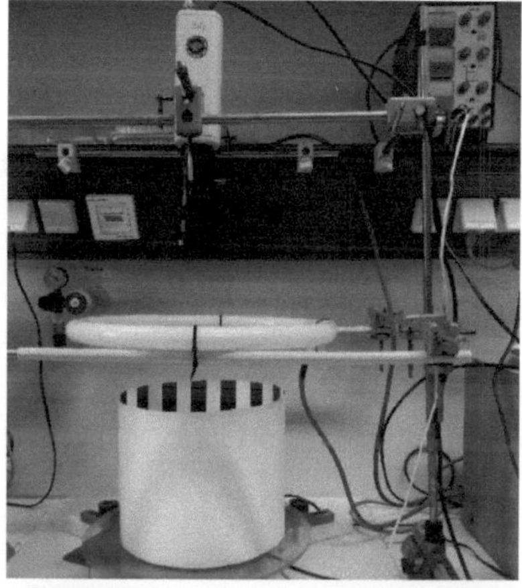

Abbildung 5: Seitenansicht des Versuchsaufbaus der Übungsarena mit rotierbarem Streifenzylinder und darüber hängendem Ringlicht

Abbildung 6: Übungsarena von Oben mit Lückenring, umgebendem Wassergraben und rotierbarem Streifenzylinder

2.5 Analyse des Kletterverhaltens

Die Analyse des Kletterverhaltens erfolgte anhand von drei Parametern:

1. Der Winkel einer Linie zwischen Proboscis und Abdomen zu einer waagerechten Linie (siehe Abb. 7). Dies diente der Analyse der Körperposition. Je waagerechter der Körper über der Lücke ist, desto effektiver ist der Kletterversuch, denn dann wird die Körperlänge besser zum Überqueren genutzt. Daher ist ein kleinerer Winkel effektiver.

2. Der Abstand zwischen mittleren und hinteren Beinpaaren.
Je geringer der Abstand zwischen den Beinpaaren, desto besser erreicht die Fliege die andere Seite der Lücke, weil so die Kraft der Beine effektiver zum Klettern genutzt werden kann.

3. Der Abstand zwischen Abdomen und distaler Wand.
Je größer der Abstand zwischen Abdomen und distaler Lückenwand ist, desto wahrscheinlicher erreicht die Fliege die andere Seite der Lücke, da so die Körperlänge besser genutzt werden kann.

Die Auswertung des Videomaterials erfolgte mit dem Programm Image J. Alle Ergebnisse sind in relativen Einheiten angegeben.

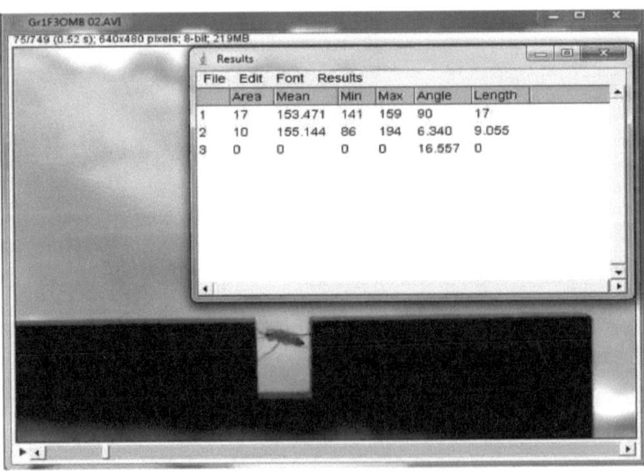

Abbildung 7: Messung des Winkels zwischen Fliegenkörper und einer waagerechten Referenzlinie mit dem Programm Image J

2.6 Statistische Auswertung

Es wurden jeweils 3 Kletterversuche pro Fliege aufgezeichnet und ausgewertet. Daraus wurde der Median errechnet und für weitere Berechnungen verwendet. Anschließend wurden alle Daten mit dem Shapiro-Wilk-Test auf Normalverteilung getestet. Beim Vorliegen einer Normalverteilung wurden die Datensätze mit dem t-Test verglichen, andernfalls mit dem Wilcoxon-Test. Die Statistische Signifikanz Alpha wurde auf 5% festgelegt. Zur Auswertung wurden die Programme RStudio Version 1.2.5032 und Microsoft Excel Version 16.0.12430.20113 verwendet.

3 Ergebnisse

3.1 Statistische Tests

Tabelle 1 zeigt die p-Werte des Shapiro-Wilk-Tests auf Normalverteilung. Da der p-Wert bei allen Testdurchläufen über 0,05 liegt, ist bei Alpha=5% von einer Normalverteilung der Datensätze auszugehen. Daher ist ein anschließender Vergleich der Daten mit dem t-Test sinnvoll.

Tabelle 1: p-Werte des Shapiro-Wilk-Tests

Alle Datensätze des WT-CS sind normalverteilt, der p-Wert ist > 0,05.
Die Stichprobengröße beträgt n=21.
wtabdomen: Abstand zwischen Abdomen und distaler Wand
wthb: Abstand zwischen mittleren und hinteren Beinpaaren
wtWinkel: Winkel einer Linie zwischen Proboscis und Abdomen zu einer waagerechten Linie
naiv: Ergebnisse des ersten Testdurchlaufs
gelernt: Ergebnisse des zweiten Testdurchlaufs nach Übungsphase (trainiert)
Die verwendeten Daten entstammen Tabelle 3 (siehe Anhang).

Shapiro		p-Wert
wtabdomen	naiv	0.557
	gelernt	0.289
wthb	naiv	0.186
	gelernt	0.608
wtWinkel	naiv	0.670
	gelernt	0.665

Tabelle 2 zeigt die p-Werte des gepaarten Zweistichproben-t-Tests. Dieser gibt Auskunft darüber, ob es einen signifikanten Unterschied zwischen den Datensätzen naiver und trainierter Fliegen gibt. Da der p-Wert nur bei HB (Abstand zwischen mittleren und hinteren Beinpaaren) unter 0,05 liegt ist bei Alpha=5% nur hier von einem signifikanten Unterschied auszugehen. Bei den anderen Datensätzen ist keine Signifikanz gegeben.

Tabelle 2: p-Werte des gepaarten Zweistichproben-t-Tests

Ein signifikanter Unterschied zwischen naiven und trainierten Fliegen ist nur beim Abstand zwischen mittleren und hinteren Beinpaaren festzustellen, nur hier ist der p-Wert < 0,05 (grün markiert).
Die Stichprobengröße beträgt n=21.
Abdomen: Abstand zwischen Abdomen und distaler Wand
HB: Abstand zwischen mittleren und hinteren Beinpaaren
Winkel: Winkel einer Linie zwischen Proboscis und Abdomen zu einer waagerechten Linie
Die verwendeten Daten entstammen Tabelle 3 (siehe Anhang).

Wildtyp	Abdomen	0.787
	HB	0.013
	Winkel	0.535

3.2 Boxplots

Die Abbildungen 8-10 zeigen jeweils einen Boxplot der Daten naiver und trainierter Fliegen. Wie bereits durch den vorangegangenen t-Test ermittelt, gibt es beim Abstand des Abdomens zur distalen Wand und dem Winkel der Körperlängsachse keinen signifikanten Unterschied zwischen den beiden Testdurchläufen (s. Tabelle 2). Beim Betrachten der dazugehörigen Boxplots (vgl. Abb. 8 und 10) fällt auf, dass die Streuung der Daten tendenziell abnimmt, jedoch keine wesentliche Veränderung des Medians stattfindet. Die Boxplots der Daten des Beinabstands lassen eine leichte Verringerung des Abstandes erkennen, wie der, bereits durch den t-Test bestätigte signifikante Unterschied, vermuten ließ. Der Median dieser Differenz liegt bei -105µm (s. Anhang Tabelle 5).

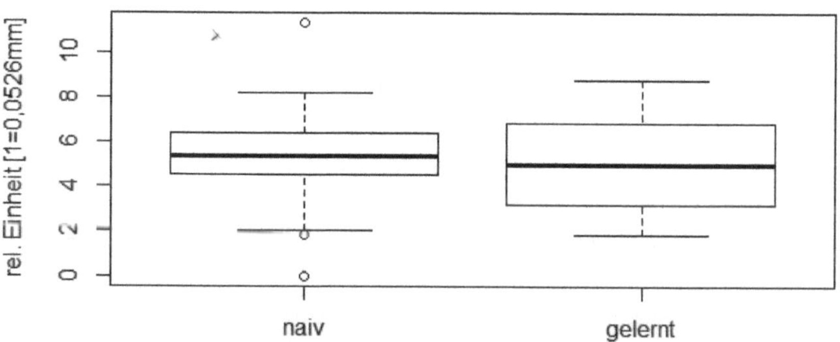

Abbildung 8: Vergleich des Abstands von Abdomen zur distalen Wand zwischen naiven und trainierten Fliegen (Boxplot)

Boxplot zeigt Median, Box zeigt 25% und 75% Quartil, Fehlerbalken zeigen 10% und 90% Quartil.
Angaben in relativen Einheiten (1=0,0526mm).
Stichprobengröße n=21.
naiv: Ergebnisse des ersten Testdurchlaufs
gelernt: Ergebnisse des zweiten Testdurchlaufs nach Übungsphase (trainiert)
Die verwendeten Daten entstammen Tabelle 3 (siehe Anhang).

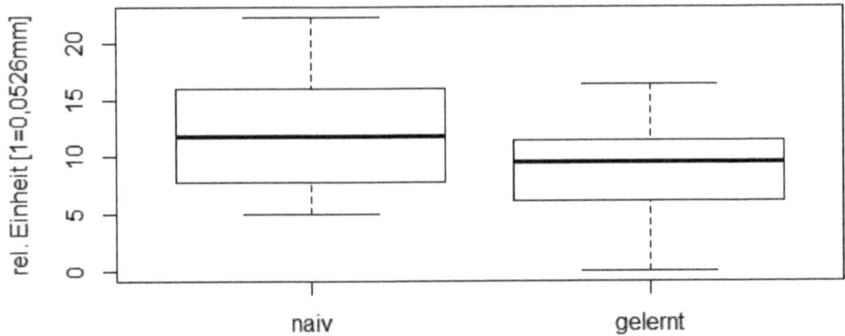

Abbildung 9: Vergleich des Abstands von mittleren und hinteren Beinpaaren zwischen naiven und trainierten Fliegen (Boxplot)

Boxplot zeigt Median, Box zeigt 25% und 75% Quartil, Fehlerbalken zeigen 10% und 90% Quartil.
Angaben in relativen Einheiten (1=0,0526mm).
Stichprobengröße n=21.
naiv: Ergebnisse des ersten Testdurchlaufs
gelernt: Ergebnisse des zweiten Testdurchlaufs nach Übungsphase (trainiert)
Die verwendeten Daten entstammen Tabelle 3 (siehe Anhang).

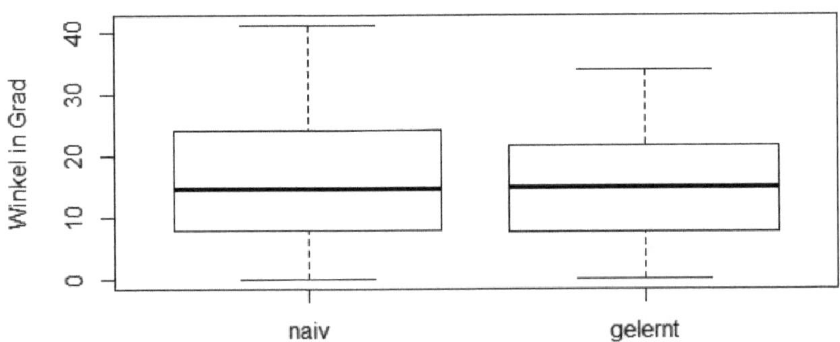

Abbildung 10: Vergleich des Winkels einer Linie zwischen Proboscis und Abdomen zu einer waagerechten Linie zwischen naiven und trainierten Fliegen (Boxplot)

Boxplot zeigt Median, Box zeigt 25% und 75% Quartil, Fehlerbalken zeigt 10% und 90% Quartil.
Angaben in Grad
Stichprobengröße n=21.
naiv: Ergebnisse des ersten Testdurchlaufs
gelernt: Ergebnisse des zweiten Testdurchlaufs nach Übungsphase (trainiert)
Die verwendeten Daten entstammen Tabelle 3 (siehe Anhang).

4 Diskussion

4.1 Lerneffekt des Trainings

Die Versuchsergebnisse zeigen, dass der WT-CS der Taufliege *Drosophila melanogaster* seine Kletterleistung nur eingeschränkt verbessern konnte. Der Abstand zwischen den hinteren Beinpaaren konnte zwar signifikant verbessert werden, wie die Ergebnisse des t.Tests nahelegen (s. Tabelle 2), allerdings ist keine Verbesserung des Winkels der Körperlängsachse und des Abstands zur distalen Wand festzustellen. Es ist also davon auszugehen, dass das Training nur einen eingeschränkten Lerneffekt hatte. Anhand der Boxplots ist jedoch eine leichte Verringerung der Varianz bei trainierten Fliegen erkennbar. Dadurch lässt sich auch ein leichter Lerneffekt vermuten, da die Rate extrem schlechter Kletterversuche zurückging. Gleichzeitig bedeutet eine kleinere Varianz aber auch einen Rückgang außergewöhnlich guter Kletterversuche. Daher ist dieser Faktor nur als geringfügig einzustufen. Es ist also anhand der vorliegenden Ergebnisse nicht eindeutig feststellbar, ob *D. melanogaster* dazu fähig ist durch Training und Konsolidierung eine Verbesserung ihrer Kletterleistung herbeizuführen. Entgegen den Erwartungen, beruhend auf den Erkenntnissen zur cAMP-Signalkaskade, wurde nur ein geringer Lerneffekt beobachtet.

4.2 Fehlerdiskussion

Da die gewonnenen Ergebnisse nicht mit den Erwartungen übereinstimmen ist es möglich, dass bei der Versuchsdurchführung Fehler gemacht wurden. In erster Linie kann das an den häufig wechselnden durchführenden Gruppen liegen. Durch den Aufbau des Praktikums wurde der Versuch alle zwei Tage von anderen Personen durchgeführt. Deshalb konnte die notwendige Kontinuität schwer beibehalten werden. Diese ist beispielsweise bei der Einhaltung der Konsolidierungszeiten zwischen Übungsphase und zweitem Testdurchlauf wichtig. Wahrscheinlich funktioniert das KZG von *Drosophila melanogaster* nur für bis zu 60 Minuten (s. Kienitz 2010), dadurch könnte bei einer Überschreitung dieser Zeitspanne der Lerneffekt wieder verloren gehen. Das Versuchsdesign an sich kann weiterhin Fehlerquellen enthalten. Es ist beispielsweise nicht sicher, ob die gewählte Lückenweite von 3mm ausreichend ist, um die Fliegen so stark zu fordern, dass ein verbessertes Kletterverhalten nötig wäre. Fliegen können Lücken bis zu 4,3mm überqueren (s. Pick und Strauss 2005), womit 3mm möglicherweise zu klein gewählt sind. Außerdem war die Größe der Stichprobe gering (n=21). Dieser Umstand kann zu einem hohen statistischen Fehler führen, da trotz Test nicht ausgeschlossen werden kann, dass die gewonnenen Daten lediglich eine Schwankung der Normalverteilung und nicht die gesamte Bandbreite möglicher Ergebnisse zeigen.

5 Zusammenfassung

Drosophila melanogaster ist eingeschränkt fähig den Bewegungsablauf beim Klettern über eine Lücke mit Hilfe des Kurzzeitgedächtnisses zu verbessern. Die durchgeführten Versuche beschäftigten sich mit der Kinematik des Klettervorgangs beim Wildtyp *Canton-Special* und, ob diese durch Übung und Konsolidierung kurzzeitig optimiert werden kann. Vermutet wurde ein Zusammenhang mit der cAMP-Signalkaskade. Zu diesem Zweck wurden Kletterversuche über eine 3mm weite Lücke mit einer Hochgeschwindigkeitskamera gefilmt. Anschließend wurden die Fliegen in einer Übungsarena trainiert. Nach einer kurzen Ruhephase wurden abermals Kletterversuche aufgenommen. Die Videoaufnahmen wurden mit Hilfe von drei Parametern der Körperhaltung analysiert. Die Auswertung der Daten erfolgte mittels t-Test, Shapiro-Wilk-Test und Boxplots. Untersucht wurden die Unterschiede zwischen trainierten und untrainierten Fliegen. Bei einem der drei Parameter konnte eine signifikante Verbesserung der Beinposition durch das Training beobachtet werden. Außerdem wurde eine verringerte Varianz bei allen Parametern festgestellt. Die Abweichungen vom erwarteten Lerneffekt sind möglicherweise durch wechselnde Experimentatoren und das Versuchsdesign selbst zu erklären.

6 Literaturverzeichnis

1 Davis, R.L. (2005): Olfactory Memory Formation in Drosophila: From Molecular to Systems 2Neuroscience. Annual Review of Neuroscience 28: 275-302.

2 Dubnau, J., Tully, T. (1998): Gene discovery in Drosophila: new insights for learning and memory. Annual Review Neuroscience 21: 407-444.

3 Kienitz, B. (2010): Motorisches Lernen in Drosophila melanogaster, Aachen.

4 Krause, T., Spindler, L., Poeck, B., Strauss, R. (2019): *Drosophila* Acquires a Long-Lasting Body-Size Memory from Visual Feedback, *Current Biology* 29, 1833-1841, 3. Juni 2019

5 Lindsley, D.L., Grell, E.H. (1968): Genetic variations of Drosophila melanogaster. *Publs Carnegie Instn* **627**: 469pp.

6 Pick, S., Strauss, R. (2005): Goal-Driven Behavioral Adaptations in Gap-Climbing Drosophila. In: *Current Biology* 15 (16), S. 1473–1478. DOI: 10.1016/j.cub.2005.07.022.

7 Waddell S., Quinn, W.G. (2001). Flies, genes, and learning. Annual Review of Neuroscience 24: 1283-1309.

7 Anhang

Tabelle 3: Mediane der Kletterparameter

Es sind die Mediane der drei Kletterparameter Abstand zwischen Abdomen und distaler Wand, Abstand zwischen mittleren und hinteren Beinpaaren und Winkel der Körperlängsachse bei 21 untrainierten und trainierten Fliegen zu sehen.

Angaben bei Abdomen und HB in relativen Einheiten (1=0,0526mm).
Angaben bei Winkel in Grad
Abdomen: Abstand zwischen Abdomen und distaler Wand
HB: Abstand zwischen mittleren und hinteren Beinpaaren
Winkel: Winkel einer Linie zwischen Proboscis und Abdomen zu einer waagerechten Linie
naiv: Ergebnisse des ersten Testdurchlaufs
gelernt: Ergebnisse des zweiten Testdurchlaufs nach Übungsphase (trainiert)

Wildtyp CS	Mediane in relativer Einheit (Abdomen und HB) und Grad (Winkel)					
	naiv			gelernt		
Fliege Nr.	Abdomen	HB	Winkel	Abdomen	HB	Winkel
1	6,70	10,00	14,57	7,36	12,67	7,39
2	5,38	10,69	0,00	7,33	8,03	0,00
3	11,33	12,67	17,97	6,80	11,33	14,74
4	2,00	12,68	5,57	8,77	6,70	34,12
5	5,33	16,67	0,00	3,33	6,67	22,83
6	4,85	6,67	11,59	5,33	0,00	14,74
7	7,33	13,33	24,68	7,36	16,01	24,68
8	0,00	20,00	24,23	2,75	12,67	17,45
9	6,00	8,00	29,75	4,71	6,00	8,75
10	5,92	20,42	27,18	5,52	9,53	19,86
11	2,72	7,73	19,29	2,76	9,53	27,18
12	3,66	4,99	17,97	8,63	4,11	7,50
13	4,56	13,16	17,20	2,27	11,35	18,00
14	8,18	11,81	24,84	4,31	16,33	22,99
15	6,35	22,25	41,19	4,99	9,09	21,54
16	6,37	18,61	13,63	2,72	11,34	1,40
17	1,82	15,98	7,51	1,82	12,70	4,76
18	5,01	7,32	7,77	3,21	11,49	0,00
19	6,86	6,32	13,45	5,01	5,97	10,08
20	4,56	9,57	4,34	5,52	5,97	10,08
21	5,92	6,70	8,33	6,87	6,09	9,23
Median	5,38	11,81	14,57	5,01	9,53	14,74

Tabelle 4: Mediane der Kletterparameter Abdomen und HB in µm

Es sind die Mediane der zwei Kletterparameter Abstand zwischen Abdomen und distaler Wand und Abstand zwischen mittleren und hinteren Beinpaaren bei 21 untrainierten und trainierten Fliegen zu sehen.

Die relativen Einheiten aus Tabelle 3 wurden mit dem Faktor 52,6 in µm umgerechnet
Alle Angaben in µm
Abdomen: Abstand zwischen Abdomen und distaler Wand
HB: Abstand zwischen mittleren und hinteren Beinpaaren
Winkel: Winkel einer Linie zwischen Proboscis und Abdomen zu einer waagerechten Linie
naiv: Ergebnisse des ersten Testdurchlaufs
gelernt: Ergebnisse des zweiten Testdurchlaufs nach Übungsphase (trainiert)

Wildtyp CS	Mediane in µm			
	naiv		gelernt	
Fliege Nr.	Abdomen	HB	Abdomen	HB
1	352,62	526,30	387,57	666,66
2	282,89	562,46	385,94	422,51
3	596,46	666,66	357,83	596,46
4	105,26	667,56	461,51	352,62
5	280,68	877,18	175,42	350,88
6	255,41	350,88	280,68	0,00
7	385,94	701,72	387,57	842,82
8	0,00	1052,60	144,68	666,66
9	315,78	421,04	248,10	315,78
10	311,31	1074,76	290,46	501,41
11	143,26	406,62	145,26	501,41
12	192,52	262,68	454,30	216,20
13	239,94	692,45	119,36	597,40
14	430,46	621,30	226,75	859,61
15	334,31	1170,96	262,68	478,14
16	335,15	979,29	143,26	596,93
17	95,52	841,13	95,52	668,56
18	263,73	384,99	168,84	604,51
19	361,04	332,57	263,73	314,04
20	239,94	503,72	290,46	314,04
21	311,31	352,57	361,36	320,36
Median	282,89	621,30	263,73	501,41

Tabelle 5: Differenzen der Mediane der Kletterparameter in µm

Es sind die Differenzen der Mediane der drei Kletterparameter Abstand zwischen Abdomen und distaler Wand, Abstand zwischen mittleren und hinteren Beinpaaren und Winkel der Körperlängsachse von 21 untrainierten und trainierten Fliegen zu sehen.

Die Werte der untrainierten Fliegen wurden von den Werten der trainierten Fliegen subtrahiert
Alle Angaben in µm
Abdomen: Abstand zwischen Abdomen und distaler Wand
HB: Abstand zwischen mittleren und hinteren Beinpaaren
Winkel: Winkel einer Linie zwischen Proboscis und Abdomen zu einer waagerechten Linie

Wildtyp	Differenz der Mediane in µm		
Fliege Nr.	Abdomen	HB	Winkel
1	34,95	140,36	-7,19
2	103,05	-139,94	0,00
3	-238,62	-70,21	-3,23
4	356,25	-314,94	28,54
5	-105,26	-526,30	22,83
6	25,26	-350,88	3,15
7	1,63	141,10	0,00
8	144,68	-385,94	-6,78
9	-67,68	-105,26	-21,00
10	-20,84	-573,35	-7,33
11	2,00	94,79	7,89
12	261,78	-46,47	-10,47
13	-120,58	-95,05	0,81
14	-203,71	238,31	-1,86
15	-71,63	-692,82	-19,65
16	-191,89	-382,36	-12,23
17	0,00	-172,57	-2,75
18	-94,89	219,52	-7,77
19	-97,31	-18,53	-3,37
20	50,52	-189,68	5,74
21	50,05	-32,21	0,91
Median	0,00	-105,26	-2,748

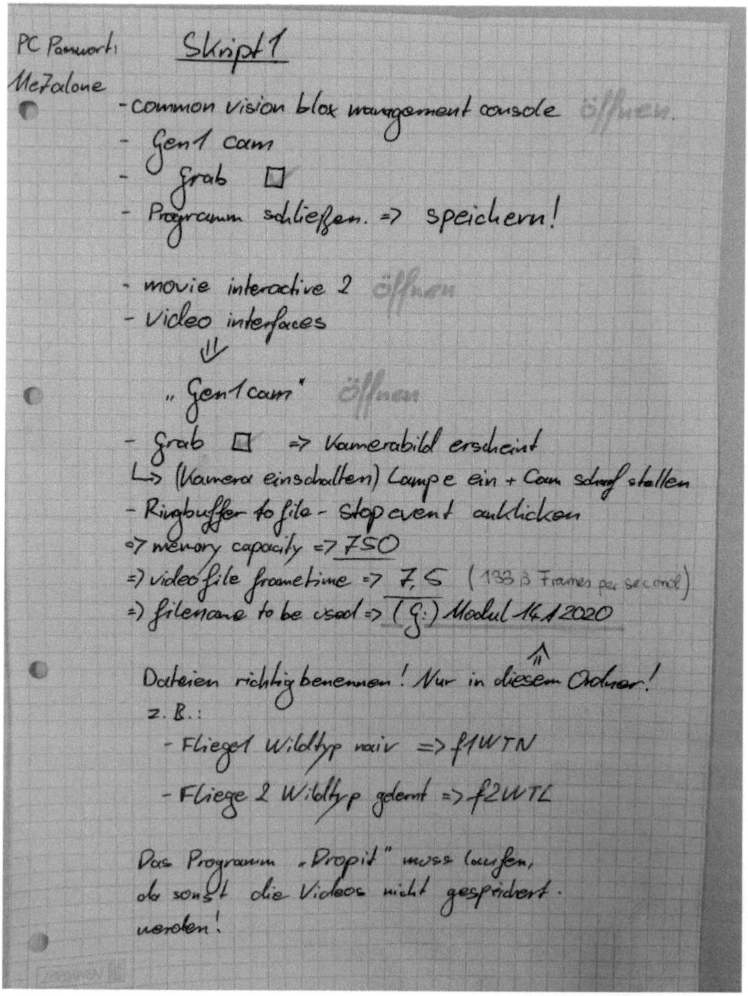

PC Passwort: MeTalone

Skript 1

- common vision blox management console öffnen.
- Gen1 cam
- grab ☐
- Programm schließen. => speichern!

- movie interactive 2 öffnen
- Video interfaces

⇓

„Gen1cam" öffnen

- grab ☐ => Kamerabild erscheint

↳ (Kamera einschalten) Lampe ein + Cam scharf stellen

- Ringbuffer to file - stop event anklicken

=> memory capacity => 750

=> videofile frametime => 7,5 (133,3 Frames per second)

=> filename to be used => (G:) Modul 14.1.2020

⇑

Dateien richtig benennen! Nur in diesem Ordner!

z.B.:

- Fliege 1 Wildtyp naiv => f1WTN
- Fliege 2 Wildtyp gelernt => f2WTL

Das Programm „Dropit" muss laufen, da sonst die Videos nicht gespeichert werden!

Abbildung 11: Anleitung zur Einstellung der Hochgeschwindigkeitskamera und Videoaufnahme